Marco Antonio González Morales

Álgebra Lineal para la Actividad Docente

Marco Antonio González Morales

Álgebra Lineal para la Actividad Docente

Vol. II

Editorial Académica Española

Imprint
Any brand names and product names mentioned in this book are subject to trademark, brand or patent protection and are trademarks or registered trademarks of their respective holders. The use of brand names, product names, common names, trade names, product descriptions etc. even without a particular marking in this work is in no way to be construed to mean that such names may be regarded as unrestricted in respect of trademark and brand protection legislation and could thus be used by anyone.

Cover image: www.ingimage.com

Publisher:
Editorial Académica Española
is a trademark of
Dodo Books Indian Ocean Ltd. and OmniScriptum S.R.L publishing group

120 High Road, East Finchley, London, N2 9ED, United Kingdom
Str. Armeneasca 28/1, office 1, Chisinau MD-2012, Republic of Moldova, Europe
Printed at: see last page
ISBN: 978-613-9-40621-0

ÁLGEBRA LINEAL PARA LA ACTIVIDAD DOCENTE

VOL. II

Mtro. Marco Antonio González Morales
marco.gonzalez@academicos.udg.mx
Enero-2024

ÁLGEBRA LINEAL PARA LA ACTIVIDAD DOCENTE

VOL. II

Marco Antonio González Morales
marco.gonzalez@academicos.udg.mx

INTRODUCCIÓN

El principal objetivo de este material, es contar con una narrativa amigable y digerible para todo aquel colega que empiezan en la maravillosa y enriquecedora carrera docente, impartiendo temas relacionados con el Álgebra Lineal para el área de ingenierías y que de igual manera le sirva al estudiante comprender de una manera más amigable en un lenguaje menos denso en términos técnicos, los temas, conceptos y métodos del álgebra lineal.

El Álgebra Lineal es una parte esencial en la formación matemática de todo científico, administrador e ingeniero, pues sus aplicaciones son numerosas en las áreas de física, química, ingeniería biomédica, gráficas computarizada, procesamiento de imágenes, optimización de procesos, entre muchas otras.

En el contenido de este material encontrarás los siguientes temas:

1. Matrices
2. Determinantes

Es por ello que se hace referencia a grandes autores de libros enfocados al álgebra lineal, tales como Baldor (Baldor, 2019) con autorías sobre la Álgebra, y otros autores expertos en el tema (David C. Lay, Ron Larson, Grossman, Estrada, Guzmán, entre otros) es por ello, que nace este proyecto titulado *Álgebra Lineal para la Actividad Docente. Vol. II*, el cual se contemplan temas relacionados con el Álgebra y la rama del Álgebra lineal, en este segundo volumen se abordan temas sobre *Matrices* y *Determinantes*; con la demostración de ejercicios relacionados a los métodos y un anexo de ejercicios propuestos para su práctica.

ÍNDICE

¿QUÉ SON LAS MATRICES Y LAS DETERMINANTES EN EL ÁLGEBRA LINEAL?

En *Álgebra Lineal*, una *matriz* es una estructura fundamental que se utiliza para representar y manipular datos numéricos de manera organizada. Una matriz es esencialmente un conjunto bidimensional de números dispuestos en filas y columnas. Cada número en una matriz se llama "*elemento*" y se identifica mediante su posición en la fila y la columna correspondiente del modo:

$$A = \begin{pmatrix} a_{11} & a_{12} & a_{13} & \cdots & a_{1n} \\ a_{21} & a_{22} & a_{23} & \cdots & a_{2n} \\ \vdots & \vdots & \vdots & \ddots & \vdots \\ a_{m1} & a_{m2} & a_{m3} & \cdots & a_{mn} \end{pmatrix} \left. \begin{matrix} \leftarrow \\ \leftarrow \\ \leftarrow \\ \leftarrow \end{matrix} \right\} \text{Filas de la matriz A}$$

$$\underbrace{\phantom{a_{11} \quad a_{12} \quad a_{13} \quad \cdots \quad a_{1n}}}_{\text{Columnas de la matriz A}}$$

Las *matrices se representan generalmente utilizando letras mayúsculas*, como **A**, **B**, **C**, etc. y se expresan de la manera de **A** = (*a$_{ij}$*). Cada elemento de la matriz lleva dos subíndices. El primero de ellos "*i*", indica la *fila* en la que se encuentra el elemento, y el segundo, "*j*", la *columna*. Así el elemento *a$_{23}$* está en la *fila 2* y *columna 3*.

Si una matriz tiene *m* filas y *n* columnas, se dice que es de *tamaño mxn* o que tiene *dimensiones mxn*. Por ejemplo, una matriz de 2 x 3 tiene 2 filas y 3 columnas. (Larson, 2013)

Aquí hay un ejemplo de una matriz 2 x 3:

$$A = \begin{pmatrix} 1 & 2 & 3 \\ 4 & 5 & 6 \end{pmatrix}_{2x3}$$

Las matrices se utilizan en el contexto de las ciencias como elementos que sirven para clasificar valores numéricos atendiendo a dos criterios o variables.

Algunos conceptos clave relacionados con las matrices en álgebra lineal incluyen:

Elementos: Son los valores individuales dentro de la matriz, como los números 1, 2, 3, 4, 5 y 6 en la matriz anterior.

Filas y columnas: Las filas se encuentran en sentido horizontal, mientras que las columnas están dispuestas en sentido vertical. En el ejemplo anterior, la primera fila es [1, 2, 3], y la segunda fila es [4, 5, 6].

Tamaño o dimensión: Se refiere al número de filas y columnas en una matriz. En el ejemplo anterior, la matriz tiene un tamaño de 2 x 3.

Matriz cuadrada: Cuando una matriz tiene el mismo número de filas que de columnas, se llama matriz cuadrada. Por ejemplo, una matriz 3 x 3 es cuadrada.

Matriz identidad: Es una matriz cuadrada en la que todos los elementos son ceros, excepto los de la diagonal principal (de arriba izquierda a abajo derecha), que son todos iguales a 1.

Operaciones con matrices: Se pueden realizar varias operaciones con matrices, como la suma, la resta, la multiplicación, la transposición, la inversión, entre otras.

Las *matrices* se utilizan en una amplia variedad de aplicaciones en matemáticas, física, informática, estadísticas, ingeniería y muchas otras disciplinas. ***Son una herramienta poderosa para resolver sistemas de ecuaciones lineales, representar transformaciones lineales y realizar cálculos en algebra lineal y análisis numérico.*** (Grossman, 2019)

En cambio, la ***determinante*** es una función numérica asociada a una matriz cuadrada. En álgebra lineal, la determinante de una matriz es una medida que se utiliza en diversas aplicaciones, como la resolución de sistemas de ecuaciones lineales, la inversión de matrices y la determinación de la independencia lineal de un conjunto de vectores. (Guzmán, 2011)

La ***determinante de una matriz cuadrada*** *A* se denota típicamente como ***det(A)*** o |**A**|, y se calcula de diferentes maneras según el tamaño de la matriz. Para una matriz de 2x2:

Si A es una matriz 2x2:

$$A = \begin{pmatrix} a & b \\ c & d \end{pmatrix}_{2x2}$$

La determinante de **A** se calcula como:

$$det(A) = (a{\cdot}d) - (c{\cdot}b)$$

Para una matriz de 3x3:

$$A = \begin{pmatrix} a & b & c \\ d & e & f \\ g & h & i \end{pmatrix}_{3x3}$$

La determinante de **A** se calcula mediante la "***Regla de Sarrus***" de la siguiente manera:

$$det(A) = a(e{\cdot}i - f{\cdot}h) - b(d{\cdot}i - f{\cdot}g) + c(d{\cdot}h - e{\cdot}g)$$

Para matrices de mayor tamaño, como 4x4 o superiores, se utilizan métodos más avanzados, como la *expansión por cofactores* o la *Regla de Laplace*.

La determinante de una matriz tiene algunas propiedades importantes:

- *La determinante de una matriz es cero si y solo si la matriz es singular, lo que significa que no tiene inversa.*
- *La determinante de una matriz es el producto de las determinantes de sus factores elementales, es decir, si puedes expresar una matriz como un producto de matrices más pequeñas, puedes calcular su determinante descomponiendo el cálculo.*
- *La determinante de la matriz identidad (una matriz cuadrada con unos en la diagonal principal y ceros en todas partes) es igual a 1.*
- *La determinante de una matriz cambia cuando se intercambian sus filas o columnas.*
- *La determinante de una matriz escalar (una matriz con un solo número en todas partes) es igual al número elevado al poder del número de filas (o columnas) de la matriz.*

Las determinantes son útiles en diversos contextos, como la resolución de sistemas de ecuaciones lineales, la inversión de matrices y la determinación de la independencia lineal de vectores. También se utilizan en la teoría de determinantes en matemáticas avanzadas y en campos como la geometría y la física. (Lay, 2007)

CARACTERÍSTICAS Y TIPOS DE MATRICES

Una *matriz* es un conjunto de elementos ordenados en *Filas* (renglones) y *Columnas*.

Ejemplos:

$$A = \begin{pmatrix} 1 & 3 \\ 6 & 5 \\ 5 & 2 \end{pmatrix}$$ es decir es una matriz de **ORDEN** 3x2

$$B = \begin{pmatrix} 2 & 5 & 7 \\ 3 & 4 & 2 \end{pmatrix}$$ es decir es una Matriz de **DIMENSIÓN** 2x3

Es importante mencionar la palabra **ORDEN** es sinónimo de **DIMENSIÓN**.

Cada **ELEMENTO** de la matriz se identifica con la letra minúscula correspondiente a la matriz, es decir que el primer elemento de la **Matriz A** sería a_{11}, el cual su numeración 11 hace énfasis a la ubicación de donde está, es decir el elemento a_{11} corresponde a la primera Fila y primera Columna.

$$A = \begin{pmatrix} 1 & 3 \\ 7 & 2 \\ 3 & 4 \end{pmatrix}_{3x2} \qquad B = \begin{pmatrix} 1 & 3 & 2 \\ 3 & 4 & 5 \end{pmatrix}_{2x3}$$

a_{11} a_{22} b_{11} b_{23}

A_{ij} b_{ij}

i = Filas
j = Columnas

Ejercicios:

$$A = \begin{pmatrix} 1 & 3 & 4 & 2 \\ 7 & 2 & -7 & 3 \\ 3 & 4 & 1 & 0 \end{pmatrix}$$

ORDEN = 3 x 4
a21 = 7
a34 = 0
a43 = No hay

$$B = \begin{pmatrix} 1 & 3 \\ 7 & 2 \\ 3 & 4 \\ 4 & 6 \end{pmatrix}$$

ORDEN = 4 x 2
b11 = 1
b21 = 7
b22 = 2
b31 = 3
b42 = 6

MATRIZ CUADRADA

Una *matriz cuadrada* es aquella que su **Filas** y **Columnas** *son iguales*, es decir de *2x2, 3x3, 4x4, … , nxn.* Y los *conceptos para su interpretación* son:

La **DIAGONAL PRINCIPAL** es la formada por los elementos a_{11}, a_{22}, a_{33}, … a_{mn}.

$$A = \begin{pmatrix} -5 & -2 \\ 4 & 0 \end{pmatrix}_{2x2} \qquad B = \begin{pmatrix} -2 & 6 & 4 \\ 8 & 12 & -9 \\ 15 & -6 & -4 \end{pmatrix}_{3x3}$$

TRAZA: es la suma de los elementos de la **Diagonal Principal**, respetando los signos de los elementos, es decir:

$$A = \begin{pmatrix} -5 & -2 \\ 4 & 0 \end{pmatrix}_{2x2} \qquad B = \begin{pmatrix} -2 & 6 & 4 \\ 8 & 12 & -9 \\ 15 & -6 & -4 \end{pmatrix}_{3x3}$$

$$A = (-5) + 0 = -5 \qquad B = -2 + 12 + (-4) = 6$$

TRINGULAR SUPERIOR: es la matriz en donde los elementos que quedan por <u>**debajo**</u> de la diagonal principal son todos ceros.

$$A = \begin{pmatrix} -2 & 6 & 4 \\ 0 & 12 & -9 \\ 0 & 0 & -4 \end{pmatrix}_{3x3}$$

TRINGULAR INFERIOR: es la matriz en donde los elementos que quedan por <u>**encima**</u> de la diagonal principal son todos ceros.

$$A = \begin{pmatrix} -2 & 0 & 0 \\ 8 & 12 & 0 \\ 15 & -6 & -4 \end{pmatrix}_{3x3}$$

MATRIZ DIAGONAL: es la matriz en donde los elementos que NO ESTAN en la diagonal principal son ceros.

$$A = \begin{pmatrix} 5 & 0 \\ 0 & 4 \end{pmatrix}_{2x2} \qquad\qquad B = \begin{pmatrix} 3 & 0 & 0 \\ 0 & 8 & 0 \\ 0 & 0 & 4 \end{pmatrix}_{3x3}$$

- *Otra característica de la matriz diagonal es que son triangular superior y triangular inferior al mismo tiempo.*

MATRIZ IDENTIDAD: es una matriz diagonal en la que **todos los elementos** de la **diagonal principal son unos**.

$$M = \begin{pmatrix} 1 & 0 \\ 0 & 1 \end{pmatrix}_{2x2} \qquad\qquad N = \begin{pmatrix} 1 & 0 & 0 \\ 0 & 1 & 0 \\ 0 & 0 & 1 \end{pmatrix}_{3x3}$$

MATRIZ ESCALAR: es una matriz diagonal en la que **todos los elementos** de la **diagonal principal son iguales**.

$$A = \begin{pmatrix} 5 & 0 & 0 \\ 0 & 5 & 0 \\ 0 & 0 & 5 \end{pmatrix}_{3x3} \qquad\qquad B = \begin{pmatrix} -4 & 0 \\ 0 & -4 \end{pmatrix}_{2x2}$$

Ejemplos.

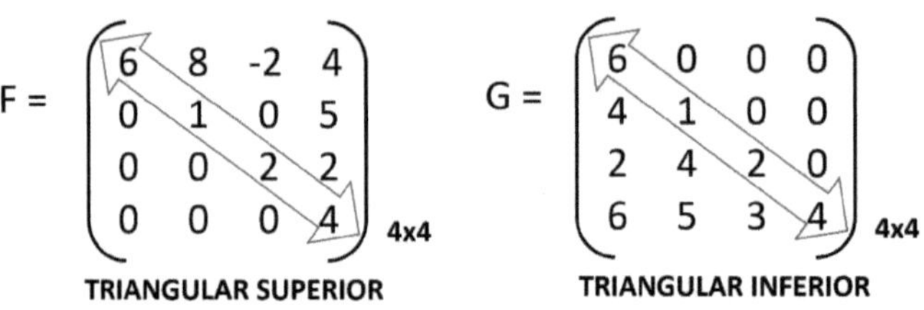

$$D = \begin{pmatrix} 3 & 0 \\ 0 & 3 \end{pmatrix}_{2\times2}$$

$$E = \begin{pmatrix} 1 & 7 & 3 \\ 5 & 4 & 2 \\ 8 & 2 & 1 \end{pmatrix}_{3\times3}$$

$$F = \begin{pmatrix} 6 & 8 & -2 & 4 \\ 0 & 1 & 0 & 5 \\ 0 & 0 & 2 & 2 \\ 0 & 0 & 0 & 4 \end{pmatrix}_{4\times4}$$

$$G = \begin{pmatrix} 6 & 0 & 0 & 0 \\ 4 & 1 & 0 & 0 \\ 2 & 4 & 2 & 0 \\ 6 & 5 & 3 & 4 \end{pmatrix}_{4\times4}$$

De igual manera existen diferentes *tipos de matrices*, las cuales se pueden identificar de la siguiente manera:

MATRIZ FILA: es también conocida como **VECTOR FILA**, la cual está formada por una sola fila.

$$A = (a_{11} \quad a_{12} \quad a_{13} \quad ... \quad 1_{an})_{1xn}$$

Ejemplos...

$$(5 \quad 3 \quad 2)_{1x3} \qquad (-7 \quad 12 \quad 0 \quad 3)_{1x4}$$

MATRIZ COLUMNA: es también conocida como **VECTOR COLUMNA**, la cual está formada por una sola columna.

Ejemplos...

$$A = \begin{pmatrix} a_{11} \\ a_{21} \\ a_{31} \\ \vdots \\ a_{m1} \end{pmatrix}_{mx4} \qquad \begin{pmatrix} 5 \\ 0 \\ -2 \end{pmatrix}_{3x1} \qquad \begin{pmatrix} -6 \\ 8 \\ 12 \\ -3 \end{pmatrix}_{4x1}$$

MATRIZ NULA: es una matriz que todos sus elementos son nulos (ceros).

$$M = \begin{pmatrix} 0 & 0 & 0 & 0 \\ 0 & 0 & 0 & 0 \\ 0 & 0 & 0 & 0 \end{pmatrix}_{3x4}$$

MATRIZ CUADRADA: está formada por la misma cantidad de filas que de columnas.

$$A = \begin{pmatrix} -5 & 0 \\ 7 & 9 \end{pmatrix}_{2x2} \qquad B = \begin{pmatrix} 4 & 8 & -5 \\ 0 & 0 & 2 \\ 13 & -4 & -10 \end{pmatrix}_{3x3}$$

DIAGONAL MAYOR (DOMINANTE): es la formada por los elementos a_{11}, a_{22}, a_{33}, … a_{mn}.

$$A = \begin{pmatrix} -5 & 0 \\ 7 & 9 \end{pmatrix}_{2 \times 2} \qquad\qquad B = \begin{pmatrix} 4 & 8 & -5 \\ 0 & 0 & 2 \\ 13 & -4 & -10 \end{pmatrix}_{3 \times 3}$$

DIAGONAL MENOR: es la formada por los elementos a_{ij}, donde $i + j = n + 1$.

$$A = \begin{pmatrix} -5 & 0 \\ 7 & 9 \end{pmatrix}_{2 \times 2} \qquad\qquad B = \begin{pmatrix} 4 & 8 & -5 \\ 0 & 0 & 2 \\ 13 & -4 & -10 \end{pmatrix}_{3 \times 3}$$

Ejemplos.

$$A = \begin{pmatrix} 0 & 0 \\ 0 & 0 \end{pmatrix}_{2 \times 2} \qquad B = \begin{pmatrix} 2 & 4 \\ 3 & 1 \end{pmatrix}_{2 \times 2} \qquad C = \begin{pmatrix} 5 & -8 & 23 & 4 \end{pmatrix}_{1 \times 4}$$

NULA Y CUADRADA　　　　CUADRADA　　　　　　　FILA
　　　　　　　　　　　DIAGONAL MENOR

$$D = \begin{pmatrix} 12 \\ 4 \\ 9 \end{pmatrix}_{3 \times 1} \qquad\qquad E = \begin{pmatrix} 4 & 8 & -5 \\ 0 & 0 & 2 \\ 13 & -4 & -10 \end{pmatrix}_{3 \times 3}$$

COLUMNA　　　　　　　　　　CUADRADA
　　　　　　　　　　　　DIAGONAL MAYOR

MATRICES EQUIVALENTES (A ~ B)

Se dice que son equivalentes cuando tienen las mismas respuestas.

Primera forma. Intercambiar entre si dos filas o columnas.

$$F1 \longleftrightarrow F2$$

$$\begin{pmatrix} 3 & -2 & 5 \\ 4 & -6 & 8 \\ -7 & 0 & 4 \end{pmatrix} \sim \begin{pmatrix} \mathbf{-7} & \mathbf{0} & \mathbf{4} \\ 4 & 4 & 3 \\ \mathbf{3} & \mathbf{-2} & \mathbf{5} \end{pmatrix}$$

Segunda forma. Multiplicar una fila o columnas por un número distinto a cero.

$$F3 \longleftrightarrow 4F3$$

$$\begin{pmatrix} 3 & -2 & 5 \\ 4 & -6 & 8 \\ -7 & 0 & 4 \end{pmatrix} \sim \begin{pmatrix} -7 & 0 & 4 \\ 4 & 4 & 3 \\ \mathbf{-28} & \mathbf{0} & \mathbf{16} \end{pmatrix}$$

Tercera forma. Sumar a una fila con otra. (columnas)

$$F2 \longleftrightarrow F2 + F1$$

$$\begin{pmatrix} 3 & -2 & 5 \\ 4 & -6 & 8 \\ -7 & 0 & 4 \end{pmatrix} \sim \begin{pmatrix} 3 & -2 & 5 \\ \mathbf{7} & \mathbf{-8} & \mathbf{13} \\ -7 & 0 & 4 \end{pmatrix}$$

Cuarta forma. Eliminar o añadir una fila o columna NULA.

$$\begin{pmatrix} 3 & -2 & 5 \\ 4 & -6 & 8 \\ -7 & 0 & 4 \end{pmatrix} \sim \begin{pmatrix} 3 & -2 & 5 \\ 4 & -6 & 8 \\ -7 & 0 & 4 \\ \mathbf{0} & \mathbf{0} & \mathbf{0} \end{pmatrix}$$

Ejemplo.

$$\begin{pmatrix} 3 & -2 & 5 \\ 4 & 0 & -2 \\ -3 & 9 & 1 \end{pmatrix} \qquad F3 + F2 \begin{pmatrix} 3 & -2 & 5 \\ 4 & -6 & 8 \\ \mathbf{1} & \mathbf{9} & \mathbf{-1} \end{pmatrix}$$

$$2(F2) \begin{pmatrix} 3 & -2 & 5 \\ \mathbf{8} & \mathbf{0} & \mathbf{-4} \\ 1 & 9 & -1 \end{pmatrix} \qquad F1 + F3 \begin{pmatrix} \mathbf{4} & \mathbf{7} & \mathbf{4} \\ 8 & 0 & -4 \\ 1 & 9 & -1 \end{pmatrix}$$

MATRIZ TRASPUESTA Y SUS CARACTERÍSTICAS

Se le llama Matriz Traspuesta de **A** y se designa A^t a la matriz que se obtiene cambiando ordenadamente las filas por las columnas.

Ejemplos, si se tiene una matriz de 3x3 se obtiene una matriz traspuesta de 3x3.

$$A = \begin{pmatrix} 5 & -2 & 8 \\ 7 & 1 & 0 \\ -4 & -7 & -6 \end{pmatrix}_{3x3}$$

$$A^t = \begin{pmatrix} 5 & 7 & -4 \\ -2 & 1 & -7 \\ 8 & 0 & -6 \end{pmatrix}_{3x3}$$

Y para un matriz de 2x4 se obtiene una matriz traspuesta de 4x2.

$$B = \begin{pmatrix} 1 & 0 & -5 & 6 \\ 2 & 8 & 4 & -9 \end{pmatrix}_{2x4}$$

$$B^t = \begin{pmatrix} 1 & 2 \\ 0 & 8 \\ -5 & 4 \\ 6 & -9 \end{pmatrix}_{4x2}$$

Una Matriz Cuadrada se llama SIMÉTRICA si es igual a su traspuesta.

$$M = \begin{pmatrix} 2 & 4 & -8 \\ 4 & -3 & 5 \\ -8 & 5 & 0 \end{pmatrix}_{3x3}$$

$$M^t = \begin{pmatrix} 2 & 4 & -8 \\ 4 & -3 & 5 \\ -8 & 5 & 0 \end{pmatrix}_{3x3}$$

Una **propiedad de la Traspuesta** es que la traspuesta de la misma traspuesta de una matriz es igual a la matriz original.

$$\boxed{(A^t)^t = A} \qquad A = \begin{pmatrix} 6 & 4 \\ -2 & 8 \\ 3 & 1 \end{pmatrix}_{3x2}$$

$$A^t = \begin{pmatrix} 6 & -2 & 3 \\ 4 & 8 & -1 \end{pmatrix}_{2x3} \qquad (A^t)^t = \begin{pmatrix} 6 & 4 \\ -2 & 8 \\ 3 & 1 \end{pmatrix}_{3x2}$$

Ejemplos:

$$M = \begin{pmatrix} -1 & 0 & 5 \\ 8 & 2 & 3 \end{pmatrix}_{2\times3} \qquad M^t = \begin{pmatrix} -1 & 8 \\ 0 & 2 \\ 5 & 3 \end{pmatrix}_{3\times2}$$

$$N = \begin{pmatrix} 0 & 1 & 4 \\ -2 & 8 & 3 \\ 15 & -4 & 0 \end{pmatrix}_{3\times3} \qquad N^t = \begin{pmatrix} 0 & -2 & 15 \\ 1 & 8 & -4 \\ 4 & 3 & 0 \end{pmatrix}_{3\times3}$$

$$D = \begin{pmatrix} 0 & 1 \\ 2 & 3 \end{pmatrix}_{2\times2} \qquad D^t = \begin{pmatrix} 0 & 2 \\ 1 & 3 \end{pmatrix}_{2\times2}$$

OPERACIONES DE MATRICES

SUMA DE MATRICES (A+B)

La suma de dos matrices solamente se puede realizar entre matrices del **MISMO ORDEN**.

$$A = \begin{pmatrix} -3 & 0 \\ 2 & 5 \\ 8 & -7 \end{pmatrix}_{3\times2} \qquad B = \begin{pmatrix} 7 & -5 \\ 4 & -2 \\ 1 & -4 \end{pmatrix}_{3\times2}$$

$$A + B = \begin{pmatrix} -3+7 & 0+(-5) \\ 2+4 & 5+(-2) \\ 8+1 & -7+(-4) \end{pmatrix} \qquad A + B = \begin{pmatrix} 4 & -5 \\ 6 & 3 \\ 9 & -11 \end{pmatrix}$$

Ejemplo.

$$A = \begin{pmatrix} -5 & 10 & 0 \\ 2 & -14 & 9 \\ -6 & 3 & 8 \end{pmatrix} \quad B = \begin{pmatrix} -8 & 3 & 4 \\ -9 & 7 & -5 \\ 15 & -3 & 0 \end{pmatrix} \quad C = \begin{pmatrix} 5 & 0 & 2 \\ -4 & 6 & 10 \\ 0 & -5 & 1 \end{pmatrix}$$

$$A + B = \begin{pmatrix} -13 & 13 & 4 \\ -7 & -7 & 4 \\ 9 & 0 & 8 \end{pmatrix} \qquad B + C = \begin{pmatrix} -3 & 3 & 6 \\ -13 & 13 & 5 \\ 15 & -8 & 1 \end{pmatrix}$$

$$A + C = \begin{pmatrix} 0 & 10 & 2 \\ -2 & -8 & 19 \\ -6 & -2 & 9 \end{pmatrix} \qquad A + B + C = \begin{pmatrix} -8 & 13 & 6 \\ -11 & -1 & 14 \\ 9 & -5 & 9 \end{pmatrix}$$

RESTA DE MATRICES (A-B)

La resta de dos matrices solamente se puede realizar entre matrices del **MISMO ORDEN**.

$$A = \begin{pmatrix} -3 & 0 \\ 2 & 5 \\ 8 & -7 \end{pmatrix}_{3x2} \qquad B = \begin{pmatrix} 7 & -5 \\ 4 & -2 \\ 1 & -4 \end{pmatrix}_{3x2}$$

$$A - B = \begin{pmatrix} -3 - 7 & 0 - (-5) \\ 2 - 4 & 5 - (-2) \\ 8 - 1 & -7 - (-4) \end{pmatrix} \qquad A - B = \begin{pmatrix} -10 & 5 \\ -2 & 7 \\ 7 & -3 \end{pmatrix}$$

Otra manera de realizar las operaciones de las restas es cambiar los signos de todos los elementos de la matriz B.

$$\boxed{A - B = A + (-B)}$$

$$A = \begin{pmatrix} -3 & 0 \\ 2 & 5 \\ 8 & -7 \end{pmatrix}_{3x2} \qquad B = \begin{pmatrix} 7 & -5 \\ 4 & -2 \\ 1 & -4 \end{pmatrix}_{3x2}$$

$$A - B = \begin{pmatrix} -3 - 7 & 0 - (-5) \\ 2 - 4 & 5 - (-2) \\ 8 - 1 & -7 - (-4) \end{pmatrix} \qquad A - B = \begin{pmatrix} -10 & 5 \\ -2 & 7 \\ 7 & -3 \end{pmatrix}$$

Ejemplo.

$$A = \begin{pmatrix} 0 & -8 & 9 \\ 14 & -3 & 5 \\ 20 & 0 & -15 \end{pmatrix} \qquad B = \begin{pmatrix} 4 & -2 & 6 \\ 7 & 5 & 12 \\ 0 & -2 & -8 \end{pmatrix}$$

$$-A = \begin{pmatrix} 0 & 8 & -9 \\ -14 & 3 & -5 \\ -20 & 0 & 15 \end{pmatrix} \qquad -B = \begin{pmatrix} -4 & 2 & -6 \\ -7 & -5 & -12 \\ 0 & 2 & 8 \end{pmatrix}$$

$$A - B = \begin{pmatrix} -4 & -6 & 3 \\ 7 & -8 & -7 \\ 20 & 2 & -7 \end{pmatrix} \qquad B - A = \begin{pmatrix} 4 & 6 & -3 \\ -7 & 8 & 7 \\ -20 & -2 & 7 \end{pmatrix}$$

__PRODUCTO DE UNA MATRIZ POR UN ESCALAR O REAL (K · A)__

Dada una matriz $\mathbf{A} = (\mathbf{a_{ij}})_{mxn}$ y un número real K, el producto $K·A$ se realiza multiplicando **TODOS** los elementos de **A** por K, resultando otra matriz de igual tamaño.

$$4 \times \begin{pmatrix} -2 & 0 \\ 3 & -5 \\ 12 & -8 \end{pmatrix}_{3x2} = \begin{pmatrix} -8 & 0 \\ 12 & 20 \\ 48 & -32 \end{pmatrix}$$

Ejemplos.

$$-5 \times \begin{pmatrix} -7 & 15 \\ 0 & -9 \\ 3 & -2 \end{pmatrix} = \begin{pmatrix} 35 & -75 \\ 0 & 45 \\ -15 & 10 \end{pmatrix}$$

$$(3/2) \times \begin{pmatrix} 2 & -4 \\ 1 & -8 \end{pmatrix} = \begin{pmatrix} 3 & -6 \\ 3/2 & -12 \end{pmatrix}$$

$$3 \times \begin{pmatrix} 4 & 0 & 5 \\ -3 & 8 & -15 \\ -12 & 0 & 6 \end{pmatrix} = \begin{pmatrix} 12 & 0 & 15 \\ -9 & 24 & -45 \\ -36 & 0 & 18 \end{pmatrix}$$

$$(-4/3) \times \begin{pmatrix} 6 & -2 & 12 \\ 0 & -1 & 9 \\ 5 & 3 & -8 \end{pmatrix} = \begin{pmatrix} -8 & 2.6 & -16 \\ -9 & 1.3 & -12 \\ -6.6 & -4 & 10.6 \end{pmatrix}$$

MULTIPLICACIÓN DE MATRICES (A · B)

Para la **multiplicación de dos matrices** es necesario que el **NÚMERO DE COLUMNAS** de la **PRIMERA MATRIZ** sea **IGUAL** al **NÚMERO DE FILAS** de la **SEGUNDA MATRIZ**.

$$Matriz\ A\ =\ Matriz\ B$$

$$Filas\ x\ \boxed{Columnas = Filas}\ x\ Columnas$$

$$A = \begin{pmatrix} 5 & 3 & -4 & -2 \\ 8 & -1 & 0 & -3 \end{pmatrix}_{2x4} \qquad B = \begin{pmatrix} 1 & 4 & 0 \\ -5 & 3 & 7 \\ 0 & -9 & 5 \\ 5 & 1 & 4 \end{pmatrix}_{4x3}$$

$$\textcircled{2}\ x\ \boxed{4}\ \checkmark\ \boxed{4}\ x\ \textcircled{3}$$

$$C = \begin{pmatrix} C_{11} & C_{12} & C_{13} \\ C_{21} & C_{22} & C_{23} \end{pmatrix}_{2x3}$$

Y se obtiene los siguientes resultados:

$$A = \begin{pmatrix} 5 & 3 & -4 & -2 \\ 8 & -1 & 0 & -3 \end{pmatrix}_{2x4} \qquad B = \begin{pmatrix} 1 & 4 & 0 \\ -5 & 3 & 7 \\ 0 & -9 & 5 \\ 5 & 1 & 4 \end{pmatrix}_{4x3}$$

$$\boxed{A\ x\ B\ =\ C}$$

** La multiplicación se hace*
Filas x Columnas

$$C_{11} = 5 - 15 + 0 - 10 = \mathbf{-20}$$
$$C_{12} = 20 + 9 + 36 - 2 = \mathbf{63}$$
$$C_{13} = 21 - 20 - 8 = \mathbf{-7}$$
$$C_{21} = 8 + 5 - 15 = \mathbf{-2}$$
$$C_{22} = 32 - 3 - 3 = \mathbf{26}$$
$$C_{23} = -7 - 12 = \mathbf{-19}$$

$$C = \begin{pmatrix} -20 & 63 & -7 \\ -2 & 26 & -19 \end{pmatrix}_{2x3}$$

Ejemplo de 2x2

$$A = \begin{pmatrix} -5 & 3 \\ 4 & 7 \end{pmatrix}_{2x2} \qquad B = \begin{pmatrix} 9 & 0 \\ 2 & -5 \end{pmatrix}_{2x2}$$

$$\boxed{A \times B = C}$$

$C_{11} = -45 + 6 = \mathbf{-39}$
$C_{12} = 0 \; - 15 = \mathbf{-15}$
$C_{21} = 36 + 14 = \mathbf{50}$
$C_{22} = 0 - 35 = \mathbf{-35}$

$$C = \begin{pmatrix} -39 & -15 \\ 50 & -35 \end{pmatrix}_{2x2}$$

Ejemplo de 3x3

$$A = \begin{pmatrix} 0 & -7 & 3 \\ 2 & 4 & -1 \\ 12 & 7 & -6 \end{pmatrix}_{3x3} \qquad B = \begin{pmatrix} 5 & 4 & -3 \\ 0 & -6 & 10 \\ -2 & 8 & 11 \end{pmatrix}_{3x3}$$

$$\boxed{A \times B = C}$$

$C_{11} = -6 \qquad\qquad = \mathbf{-6}$
$C_{12} = 42 + 24 \qquad = \mathbf{66}$
$C_{13} = -70 + 33 \qquad = \mathbf{-37}$
$C_{21} = 10 + 2 \qquad\quad = \mathbf{12}$
$C_{22} = 8 - 24 - 8 \qquad = \mathbf{-24}$
$C_{23} = -6 + 40 - 11 = \mathbf{23}$
$C_{31} = 60 + 12 \qquad\quad = \mathbf{72}$
$C_{32} = 48 - 42 - 48 = \mathbf{-42}$
$C_{33} = -36 + 70 - 66 = \mathbf{-32}$

$$C = \begin{pmatrix} -6 & 66 & -37 \\ 12 & -24 & 23 \\ 72 & -42 & -32 \end{pmatrix}_{3x3}$$

Ejemplos.

$$A = \begin{pmatrix} 0 & -7 \\ 2 & 4 \\ 12 & 7 \end{pmatrix}_{3\times2} \qquad B = \begin{pmatrix} 5 & 4 & -3 \\ 0 & -6 & 10 \end{pmatrix}_{2\times3}$$

$$\boxed{A \times B = C}$$

$C_{11} = -2 - 24 = \mathbf{-26}$
$C_{12} = 10 + 27 = \mathbf{37}$
$C_{13} = 0 + 6 = \mathbf{6}$
$C_{21} = -5 - 8 = \mathbf{-13}$
$C_{22} = 25 + 9 = \mathbf{34}$
$C_{23} = 0 + 2 = \mathbf{2}$
$C_{31} = 0 + 48 = \mathbf{48}$
$C_{32} = 0 - 54 = \mathbf{-54}$
$C_{33} = 0 + 12 = \mathbf{-12}$

$$C = \begin{pmatrix} -26 & 37 & 6 \\ -13 & 34 & 2 \\ 48 & -54 & -12 \end{pmatrix}_{3\times3}$$

Ejemplo de 2x2

$$A = \begin{pmatrix} 6 & -2 \\ -8 & 10 \end{pmatrix}_{2\times2} \qquad B = \begin{pmatrix} 1 & -3 \\ 2 & 12 \end{pmatrix}_{2\times2}$$

$$\boxed{A \times B = C}$$

$C_{11} = 6 - 4 = \mathbf{2}$
$C_{12} = -18 - 24 = \mathbf{-42}$
$C_{21} = -8 + 20 = \mathbf{12}$
$C_{22} = 24 + 120 = \mathbf{144}$

$$C = \begin{pmatrix} 2 & -42 \\ 12 & 144 \end{pmatrix}_{2\times2}$$

Ejemplo de 3x3

$$A = \begin{pmatrix} -2 & 0 & 1 \\ 8 & 4 & 3 \\ 3 & -1 & 0 \end{pmatrix}_{3x3} \qquad B = \begin{pmatrix} 5 & -2 & 4 \\ 0 & 8 & 3 \\ 1 & 0 & -1 \end{pmatrix}_{3x3}$$

$$\boxed{A \times B = C}$$

$$
\begin{aligned}
C_{11} &= -10 + 0 + 1 = -9 \\
C_{12} &= 4 + 0 + 0 = 4 \\
C_{13} &= -8 + 0 - 1 = -9 \\
C_{21} &= 40 + 0 + 3 = 43 \\
C_{22} &= -16 + 32 + 0 = 16 \\
C_{23} &= 32 + 12 - 3 = 41 \\
C_{31} &= 15 + 0 + 0 = 15 \\
C_{32} &= -6 - 8 + 0 = -14 \\
C_{33} &= 12 - 3 + 0 = -9
\end{aligned}
$$

$$C = \begin{pmatrix} -9 & 4 & -9 \\ 43 & 16 & 41 \\ 15 & -14 & 9 \end{pmatrix}_{3x3}$$

CASOS CUANDO NO SE PUEDEN MULTIPLICAR MATRICES

No se pueden multiplicar todas las matrices. Recordemos que la *primera condición* para poder *multiplicar dos matrices* el *número de columnas de la primera matriz* debe coincidir o ser *IGUAL* al *número de filas de la segunda matriz.*

Por lo que en los siguientes casos de multiplicación de matrices no se podrán realizar, por que la primera matriz tiene 3 columnas y, en cambio, la segunda matriz tiene 2 filas:

$$\begin{pmatrix} 1 & 3 & -2 \\ 4 & 0 & 5 \end{pmatrix} \cdot \begin{pmatrix} 2 & 1 \\ 3 & -1 \end{pmatrix} \leftarrow \times$$

Pero si invertimos el orden, sí que se pueden multiplicar. Porque la primera matriz tiene dos columnas y la segunda matriz dos filas:

$$\begin{pmatrix} 2 & 1 \\ 3 & -1 \end{pmatrix} \cdot \begin{pmatrix} 1 & 3 & -2 \\ 4 & 0 & 5 \end{pmatrix} = \begin{pmatrix} 2 \cdot 1 + 1 \cdot 4 & 2 \cdot 3 + 1 \cdot 0 & 2 \cdot (-2) + 1 \cdot 5 \\ 3 \cdot 1 + (-1) \cdot 4 & 3 \cdot 3 + (-1) \cdot 0 & 3 \cdot (-2) + (-1) \cdot 5 \end{pmatrix}$$

Tendríamos como resultado:

$$= \begin{pmatrix} 6 & 6 & 1 \\ -1 & 9 & -11 \end{pmatrix}$$

PROPIEDADES DE LA MULTIPLICACIÓN DE MATRICES

Este tipo de operación matricial tiene las siguientes características:

- La multiplicación de matrices es *asociativa*:

$$(A \cdot B) \cdot C = A \cdot (B \cdot C)$$

- La multiplicación de matrices también tiene la propiedad *distributiva*:

$$A \cdot (B + C) = A \cdot B + A \cdot C$$

- El producto de matrices *no es conmutativo*:

$$A \cdot B \neq B \cdot A$$

Por ejemplo, la siguiente multiplicación de matrices da un resultado:

$$\begin{pmatrix} 1 & -1 \\ 2 & 3 \end{pmatrix} \cdot \begin{pmatrix} -2 & 5 \\ 0 & 1 \end{pmatrix} = \begin{pmatrix} 1 \cdot (-2) + (-1) \cdot 0 & 1 \cdot 5 + (-1) \cdot 1 \\ 2 \cdot (-2) + 3 \cdot 0 & 2 \cdot 5 + 3 \cdot 1 \end{pmatrix}$$

Dando como resultado:

$$= \begin{pmatrix} -2 & 4 \\ -4 & 13 \end{pmatrix}$$

Pero el resultado del producto es diferente si invertimos el orden de multiplicación de las matrices:

$$\begin{pmatrix} -2 & 5 \\ 0 & 1 \end{pmatrix} \cdot \begin{pmatrix} 1 & -1 \\ 2 & 3 \end{pmatrix} = \begin{pmatrix} -2 \cdot 1 + 5 \cdot 2 & -2 \cdot (-1) + 5 \cdot 3 \\ 0 \cdot 1 + 1 \cdot 2 & 0 \cdot (-1) + 1 \cdot 3 \end{pmatrix}$$

Obtenido el siguiente resultado:

$$= \begin{pmatrix} \mathbf{8} & \mathbf{17} \\ \mathbf{2} & \mathbf{3} \end{pmatrix}$$

Como nos damos cuenta, en cuestión de esta ***propiedad conmutativa*** el orden de los factores *SI* afecta el resultado.

- Además, cualquier matriz multiplicada por la matriz identidad da como resultado la misma matriz. A esto se le llama ***propiedad de la identidad multiplicativa***:

$$A \cdot I = A$$

$$I \cdot A = A$$

Por ejemplo:

$$\begin{pmatrix} 2 & 7 \\ -6 & 5 \end{pmatrix} \cdot \begin{pmatrix} 1 & 0 \\ 0 & 1 \end{pmatrix} = \begin{pmatrix} \mathbf{2} & \mathbf{7} \\ \mathbf{-6} & \mathbf{5} \end{pmatrix}$$

- Y finalmente, cualquier matriz multiplicada por la matriz nula es igual a la matriz nula. A esto se le llama ***propiedad multiplicativa de cero***:

$$A \cdot 0 = 0$$

$$0 \cdot A = 0$$

Por ejemplo:

$$\begin{pmatrix} 6 & -4 \\ 3 & 8 \end{pmatrix} \cdot \begin{pmatrix} 0 & 0 \\ 0 & 0 \end{pmatrix} = \begin{pmatrix} \mathbf{0} & \mathbf{0} \\ \mathbf{0} & \mathbf{0} \end{pmatrix}$$

MENOR COMPLEMENTARIO, ADJUNTO Y MATRIZ ADJUNTA

EL MENOR COMPLEMENTARIO DE UNA MATRIZ

Dada una **matriz cuadrada A** de **orden n**, es decir de 2x2, 3x3, etc... el menor complementario de un elemento de $A(a_{ij})$ es la determinante que se obtiene al suprimir la fila (i) y la columna (j) en la que se encuentra a_{ij} y se representa por M_{ij}.

Ejemplo.

El menor complementario de M_{11}.

$$A = \begin{pmatrix} -5 & 0 & 4 \\ 8 & -3 & 2 \\ 5 & 1 & 7 \end{pmatrix}$$

EL *MENOR COMPLEMENTARIO* DE **-5**

$$M_{11} = \begin{vmatrix} -3 & 2 \\ 1 & 7 \end{vmatrix} = -21 - 2 = \boxed{-23}$$

** APLICANDO DETERMINANTES*

Y el de M_{23}.

$$M_{23} = \begin{vmatrix} -5 & 0 \\ 5 & 1 \end{vmatrix} = -5 - 0 = \boxed{-5}$$

ADJUNTO DE UNA MATRIZ

El Adjunto (A_{ij}) de una Matriz se obtiene con la siguiente fórmula:

$$A_{ij} = (-1)^{i+j} \times M_{ij}$$

Siguiendo con el primer Menor complementario (M_{11}), se obtendría el Adjunto (A_{11}) de la siguiente manera:

$$M_{11} = -23 \qquad A = \begin{pmatrix} -5 & 0 & 4 \\ 8 & -3 & 2 \\ 5 & 1 & 7 \end{pmatrix}$$

$$A_{ij} = (-1)^{i+j} M_{ij}$$
$$A_{11} = (-1)^{1+1} \times (-23)$$
$$A_{11} = (-1)^{2} \times (-23)$$
$$A_{11} = (1) \times (-23)$$
$$A_{11} = \textbf{-23}$$

Pero también se podrá calcular creando una ***matriz de signos*** de igual orden, poniendo los signos (+ -) e intercalándolos por filas, empezando con el positivo (+), para proceder a multiplicar el Menor complementario obtenido por el signo de donde está ubicado dicho valor calculado, ejemplo.

$$\begin{pmatrix} + & - & + \\ - & + & - \\ + & - & + \end{pmatrix}$$

$$M_{11} = +-23$$
$$= \textbf{-23}$$

Nota: No siempre será el resultado del mismo signo del Adjunto calculado.

Por ejemplo, el Menor complementario de $M_{23} = -5$, su Adjunto sería $A_{23} = 5$, es decir de signo contrario.

Para saber el porqué del resultado, el cálculo se aplica con la misma fórmula.

$$A_{ij} = (-1)^{i+j}\, M_{ij}$$

$$M_{23} = 5 \qquad A = \begin{pmatrix} \boxed{-5 \quad 0} & 4 \\ 8 \quad -3 & \textcircled{2} \\ \boxed{5 \quad 1} & 7 \end{pmatrix}$$

$$A_{ij} = (-1)^{i+j}\, M_{ij}$$
$$A_{23} = (-1)^{2+3} \times (-5)$$
$$A_{23} = (-1)^{5} \times (-5)$$
$$A_{23} = (-1) \times (-5)$$
$$A_{23} = 5$$

Con la ***matriz de signo***, se obtiene el mismo resultado.

$$\begin{pmatrix} + & - & + \\ - & + & - \\ + & - & + \end{pmatrix}$$

$$M_{23} = -\,-5$$
$$= 5$$

Ejemplos.

$$A = \begin{pmatrix} -5 & 0 & 4 \\ 8 & -3 & 2 \\ 5 & 1 & 7 \end{pmatrix} \qquad \begin{pmatrix} + & - & + \\ - & + & - \\ + & - & + \end{pmatrix}$$

$$M_{22} = \begin{vmatrix} -5 & 4 \\ 5 & 7 \end{vmatrix} = -35 - 20 = \boxed{-55} \qquad A_{22} = \ +\!-55 = \textbf{-55}$$

$$M_{31} = \begin{vmatrix} 0 & 4 \\ -3 & 2 \end{vmatrix} = 0 - (-12) = \boxed{12} \qquad A_{31} = \ ++12 = \textbf{12}$$

$$M_{32} = \begin{vmatrix} 8 & 2 \\ 5 & 7 \end{vmatrix} = 56 - 10 = \boxed{46} \qquad A_{32} = \ -+46 = \textbf{-46}$$

MATRIZ ADJUNTA O DE COFACTORES

Dada una Matriz cuadrada (**A**), su Matriz adjunta o de cofactores (**Adj(A)**) es la resultante de sustituir cada término (a_{ij}) de A por el cofactor (a_{ij}) de (**A**).

$$a_{ij} = (-1)^{i+j} \times M_{ij}$$

a_{ij} = ADJUNTO *ij*

M_{ij} = MENOR COMPLEMENTARIO *ij*

Ejemplo.

$$B = \begin{pmatrix} -3 & 2 & 0 \\ 1 & -1 & 2 \\ -2 & 1 & 3 \end{pmatrix}$$

Partiendo de que el orden los signos van intercambiándose:

$$B = \begin{pmatrix} -3 & 2 & 0 \\ 1 & -1 & 2 \\ -2 & 1 & 3 \end{pmatrix} \qquad \begin{pmatrix} + & - & + \\ - & + & - \\ + & - & + \end{pmatrix}$$

Calculo de los cofactores de a_{11}, a_{12} y a_{13}:

$$a_{11} = + \begin{vmatrix} -1 & 2 \\ 1 & 3 \end{vmatrix} = +(-3-2) = \boxed{-5}$$

$$a_{12} = - \begin{vmatrix} 1 & 2 \\ -2 & 3 \end{vmatrix} = -(3+4) = \boxed{-7}$$

$$a_{13} = + \begin{vmatrix} 1 & -1 \\ -2 & 1 \end{vmatrix} = +(1-2) = \boxed{-1}$$

Calculo de los cofactores de a_{21}, a_{22} y a_{23}:

$$a_{21} = - \begin{vmatrix} 2 & 0 \\ 1 & 3 \end{vmatrix} = -(6 - 0) = \boxed{-6}$$

$$a_{22} = + \begin{vmatrix} -3 & 0 \\ -2 & 3 \end{vmatrix} = +(-9 - 0) = \boxed{-9}$$

$$a_{23} = - \begin{vmatrix} -3 & 2 \\ -2 & 1 \end{vmatrix} = -(-3 + 4) = \boxed{-1}$$

Calculo de los cofactores de a_{31}, a_{32} y a_{33}:

$$a_{31} = + \begin{vmatrix} 2 & 0 \\ -1 & 2 \end{vmatrix} = +(4 - 0) = \boxed{4}$$

$$a_{32} = - \begin{vmatrix} -3 & 0 \\ 1 & 2 \end{vmatrix} = -(-6 - 0) = \boxed{6}$$

$$a_{33} = + \begin{vmatrix} -3 & 2 \\ 1 & -1 \end{vmatrix} = +(3 - 2) = \boxed{1}$$

Resultado de la Matriz Adjunta o de Cofactores.

$$Adj\,(B) = \begin{pmatrix} -5 & -7 & -1 \\ -6 & -9 & -1 \\ 4 & 6 & 1 \end{pmatrix}$$

Ejercicio.

Matriz C

$$C = \begin{pmatrix} 2 & -2 & 2 \\ 2 & 1 & 0 \\ 3 & -2 & 2 \end{pmatrix}$$

Matriz Adjunta (**Adj(C)**)

$$Adj\,(C) = \begin{pmatrix} 2 & -4 & -7 \\ 0 & -2 & -2 \\ -2 & 4 & 6 \end{pmatrix}$$

LA MATRIZ INVERSA

La *matriz inversa* de una matriz es igual a la matriz adjunta de su matriz traspuesta, dividida por su determinante, siempre que este no sea cero.

Definición técnica

*Una **matriz inversa** es la transformación lineal de una matriz mediante la multiplicación del inverso del determinante de la matriz por la matriz adjunta traspuesta.*

En otras palabras, una matriz inversa es la multiplicación del inverso del determinante por la matriz adjunta traspuesta.

Teorema:

"Sea **A** una matriz regular de dimensión **n**, entonces sólo tiene una matriz inversa."

Como la matriz inversa de una matriz **A** es única, podemos darle nombre propio: A^{-1}.

PROPIEDADES DE LA MATRIZ INVERSA

Sean **A** y **B** dos matrices regulares de dimensión **n**, entonces:

- *La matriz inversa de* **A**, A^{-1}, *es regular y su inversa es* **A**:

$$\left(A^{-1}\right)^{-1} = A$$

- *Inversa del producto de matrices:*

$$\left(AB\right)^{-1} = B^{-1} A^{-1}$$

- *Inversa de la matriz traspuesta:*

$$\left(A^{T}\right)^{-1} = \left(A^{-1}\right)^{T}$$

MÉTODOS DE SOLUCIÓN PARA OBTENER LA MATRIZ INVERSA

MATRIZ INVERSA POR EL MÉTODO DE GAUSS-JORDAN

Para obtener la matriz inversa de una matriz base se deberá agregar una matriz identidad.

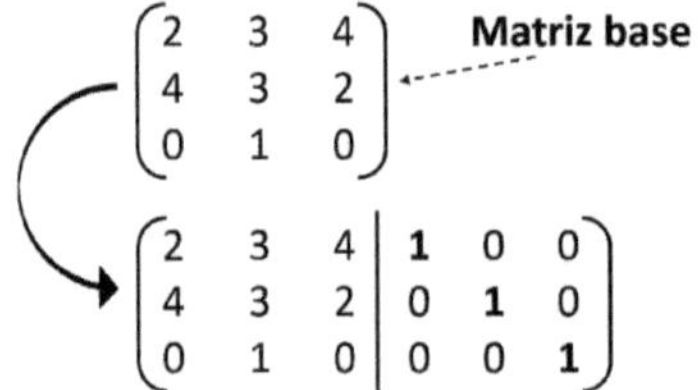

Ejemplo de 2x2 por el *Método de Gauss-Jordan.*

$$A = \begin{pmatrix} 1 & 3 \\ 2 & 4 \end{pmatrix}$$

Agregamos la Matriz identidad para iniciar el método haciendo cero primero el valor de a_{21} (**2**) y después con los resultados el valor de a_{12} (**3**) de la Matriz base.

$$\begin{pmatrix} 1 & ③ & 1 & 0 \\ ② & 4 & 0 & 1 \end{pmatrix}$$

Pasos de la solución

$$\begin{matrix} 4F_1 - 3F_2 \\ F_2 - 2F_1 \end{matrix} \begin{pmatrix} -2 & 0 & 4 & -3 \\ 0 & -2 & -2 & 1 \end{pmatrix}$$

$$\begin{pmatrix} -2 & 0 & 4 & -3 \\ 0 & -2 & -2 & 1 \end{pmatrix} \begin{matrix} F_1/-2 \\ F_2/-2 \end{matrix}$$

$$\begin{matrix} F_1/-2 \\ F_2/-2 \end{matrix} \begin{pmatrix} 1 & 0 & -2 & 3/2 \\ 0 & 1 & 1 & -1/2 \end{pmatrix}$$

Por lo que la *Matriz inversa* de A es:

$$A^{-1} = \begin{pmatrix} -2 & 3/2 \\ 1 & -1/2 \end{pmatrix}$$

La comprobación se realiza **MULTIPLICANDO** la Matriz base (**A**) por la Matriz inversa (**A x A^{-1}**), de la cual debemos obtener la Matriz identidad (**I**).

(*Filas de* **A** x *Columnas de* **A^{-1}**)

$$A = \begin{pmatrix} 1 & 3 \\ 2 & 4 \end{pmatrix} \qquad A^{-1} = \begin{pmatrix} -2 & 3/2 \\ 1 & -1/2 \end{pmatrix}$$

$i_{11} = -2 + 3 = 1$

$i_{12} = 3/2 - 3/2 = 0$

$i_{21} = -4 + 4 = 0$

$C_{22} = 3 - 2 = 1$

$$\begin{pmatrix} 1 & 0 \\ 0 & 1 \end{pmatrix} \quad \textit{Matriz identidad (I)}$$

Ejemplo 2.

$$B = \begin{pmatrix} 2 & 6 \\ 1 & 4 \end{pmatrix} \qquad \left(\begin{array}{cc|cc} 2 & ⑥ & 1 & 0 \\ ① & 4 & 0 & 1 \end{array}\right)$$

$$\begin{array}{c} 4F_1 - 6F_2 \\ F_1 - 2F_2 \end{array} \left(\begin{array}{cc|cc} 2 & 0 & 4 & -6 \\ 0 & -2 & 1 & -2 \end{array}\right) \qquad \begin{array}{c} F_1/2 \\ F_2/-2 \end{array} \left(\begin{array}{cc|cc} 1 & 0 & 2 & -3 \\ 0 & 1 & -1/2 & 1 \end{array}\right)$$

$$\qquad\qquad\qquad\qquad\qquad\qquad\qquad\quad I \qquad\quad B^{-1}$$

$$B^{-1} = \begin{pmatrix} 2 & -3 \\ -1/2 & 1 \end{pmatrix}$$

MATRIZ INVERSA POR EL MÉTODO MONTANTE

Ejemplo 1 de 3x3

Teniendo una Matriz base (**A**) se agrega la Matriz identidad para iniciar el procedimiento.

Matriz Aumentada

$$A = \begin{pmatrix} 2 & 2 & -1 \\ 1 & -3 & -2 \\ 3 & 4 & 1 \end{pmatrix} \qquad \left(\begin{array}{ccc|ccc} 2 & 2 & -1 & 1 & 0 & 0 \\ 1 & -3 & -2 & 0 & 1 & 0 \\ 3 & 4 & 1 & 0 & 0 & 1 \end{array}\right)$$

Procedimiento.

Para dar inicio de la primera iteración del método se selecciona el valor de (**2**) de la primera fila y primera columna de la Matriz base como nuestro *primer pivote* de las determinantes que vamos a calcular convirtiéndolo en la unidad (1).

$$\left(\begin{array}{c:cc|ccc} ② & 2 & -1 & 1 & 0 & 0 \\ \hdashline 1 & -3 & -2 & 0 & 1 & 0 \\ 3 & 4 & 1 & 0 & 0 & 1 \end{array}\right) \qquad \left(\begin{array}{c:cc|ccc} ① & 2 & -1 & 1 & 0 & 0 \\ \hdashline 1 & -3 & -2 & 0 & 1 & 0 \\ 3 & 4 & 1 & 0 & 0 & 1 \end{array}\right)$$

Los valores del reglón pivote pasan igual y lo valores debajo del pivote se hacen ceros.

$$\left(\begin{array}{ccc|ccc} 1 & 2 & -1 & 1 & 0 & 0 \\ 0 & & & & & \\ 0 & & & & & \end{array}\right)$$

Y con el pivote se aplican determinantes, obteniendo los siguientes resultados:

$$\left(\begin{array}{ccc|ccc} 1 & 2 & -1 & 1 & 0 & 0 \\ 0 & -8 & -3 & -1 & 2 & 0 \\ 0 & 2 & 5 & -3 & 0 & 2 \end{array}\right)$$

Y continuamos con la segunda iteración con el ***segundo pivote*** **(-8)**, pero ahora toda determinante será dividida por el pivote anterior **(2)**, obteniendo los siguientes resultados.

$$\left(\begin{array}{ccc|ccc} 2 & 2 & -1 & 1 & 0 & 0 \\ 0 & \boxed{-8} & -3 & -1 & 2 & 0 \\ 0 & 2 & 5 & -3 & 0 & 2 \end{array}\right) \xrightarrow{\div 2} \left(\begin{array}{ccc|ccc} 1 & 0 & 7 & -3 & -2 & 0 \\ 0 & 1 & -3 & -1 & 2 & 0 \\ 0 & 0 & -17 & 13 & -2 & -8 \end{array}\right)$$

Tercera iteración.

$$\left(\begin{array}{ccc|ccc} 1 & 0 & 7 & -3 & -2 & 0 \\ 0 & 1 & -3 & 1 & 2 & 0 \\ 0 & 0 & \boxed{-17} & 13 & -2 & -8 \end{array}\right)$$

Tercer pivote **(-17)**

Y las determinantes se dividen entre el pivote anterior **(-8)**, obteniendo como último valor de determinante **(-17)** y los siguientes resultados.

$$\left(\begin{array}{ccc|ccc} 1 & 0 & 7 & -3 & -2 & 0 \\ 0 & 1 & -3 & 1 & 2 & 0 \\ 0 & 0 & -17 & 13 & -2 & -8 \end{array}\right) \xrightarrow{\div 8} \left(\begin{array}{ccc|ccc} 1 & 0 & 0 & 5 & -6 & -7 \\ 0 & 1 & 0 & -7 & 5 & 3 \\ 0 & 0 & 1 & 13 & -2 & -8 \end{array}\right)$$

Finalmente se procede a obtener la Matriz inversa **(A⁻¹)** multiplicando el valor del último determinante **(1/-17)** por cada elemento de la matriz adjunta **(Adj(A))**.

$$\boxed{A^{-1} = \frac{1}{|A|} \times |Adj(A)|} = \left(\begin{array}{ccc} 5 & -6 & -7 \\ -7 & 5 & 3 \\ 13 & -2 & -8 \end{array}\right)^{\div 17} = \left(\begin{array}{ccc} -5/17 & -6/17 & -7/17 \\ -7/17 & 5/17 & 3/17 \\ 13/17 & -2/17 & -8/17 \end{array}\right)$$

Ejemplo 2 de 3x3.

$$A = \begin{pmatrix} 2 & 1 & 3 \\ -1 & 2 & 4 \\ 0 & 1 & 3 \end{pmatrix}$$

Agregando la Matriz identidad

Matriz Aumentada

$$\left(\begin{array}{ccc|ccc} 2 & 1 & 3 & 1 & 0 & 0 \\ -1 & 2 & 4 & 0 & 1 & 0 \\ 0 & 1 & 3 & 0 & 0 & 1 \end{array}\right)$$

Solución

$$A^{-1} = \begin{pmatrix} 1/2 & 0 & -1/2 \\ 3/4 & 3/2 & -11/4 \\ -1/4 & -1/2 & 5/4 \end{pmatrix}$$

Ejercicio 2

Matriz Base → **Matriz Aumentada**

$$B = \begin{pmatrix} 2 & 3 & 1 \\ 1 & -1 & 2 \\ 0 & 1 & 0 \end{pmatrix} \longrightarrow \left(\begin{array}{ccc|ccc} 2 & 3 & 1 & 1 & 0 & 0 \\ 1 & -1 & 2 & 0 & 1 & 0 \\ 0 & 1 & 0 & 0 & 0 & 1 \end{array}\right)$$

Matriz Inversa

Solución
$$B^{-1} = \begin{pmatrix} 2/3 & -1/3 & -7/3 \\ 0 & 0 & 1 \\ -1/3 & 2/3 & -5/4 \end{pmatrix}$$

MATRIZ INVERSA DE UNA MATRIZ DE 2X2 POR EL MÉTODO DE DETERMINANTES.

Supongamos que tenemos la siguiente matriz:

$$A = \begin{pmatrix} 1 & 3 \\ 2 & 4 \end{pmatrix}$$

Para obtener la *inversa de la matriz de* A, iniciamos el método calculando el valor del determinante (Δ) de la **matriz A**, el cual se obtiene de la siguiente manera:

$$A = \begin{pmatrix} 1 & 3 \\ 2 & 4 \end{pmatrix} \longrightarrow \quad \Delta = (1 \times 4) - (2 \times 3) = \boxed{-2}$$

Ahora respecto a la **matriz A** vamos a obtener la *matriz adjunta de A*, realizando un par de ajustes, el *primero ajuste* consiste en *cambiar el orden de los elemento*s que conforman la *diagonal superior* o *diagonal dominante*, es decir:

$$A = \begin{pmatrix} 1 & 3 \\ 2 & 4 \end{pmatrix} \longrightarrow \quad A = \begin{pmatrix} 4 & 3 \\ 2 & 1 \end{pmatrix}$$

El *segundo ajuste* será en relación a los elementos que conforman la *diagonal inferior*, en la cual se debe de *cambiar el signo a cada elemento*, quedando finalmente la *matriz adjunta de A*:

$$A = \begin{pmatrix} 4 & 3 \\ 2 & 1 \end{pmatrix} \longrightarrow \quad A = \begin{pmatrix} 4 & -3 \\ -2 & 1 \end{pmatrix}$$

Y finalmente *para obtener la inversa de la matriz de* **A**, vamos a dividir a cada elemento de la *matriz adjunta de* **A** entre el *valor del determinante* ($\Delta = -2$), y así obtenemos la *inversa de la matriz de* **A**.

$$A^{-1} = \frac{A}{\Delta} = \begin{pmatrix} 4 & -3 \\ -2 & 1 \end{pmatrix} \div (-2) = \begin{pmatrix} -2 & 3/2 \\ 1 & -1/2 \end{pmatrix}$$

ECUACIONES MATRICIALES

¿QUÉ SON LAS ECUACIONES MATRICIALES?

Las **ecuaciones matriciales** son como ecuaciones normales, pero en vez de estar compuestas por números, están formadas por matrices. Por ejemplo:

$$AX = B$$

Por tanto, la solución X también será una matriz.

Como ya sabes, las matrices no se pueden dividir. Por tanto, **NO** se puede despejar la matriz X pasando a dividir al otro lado de la ecuación la matriz que le multiplicaba:

$$X = \frac{B}{A}$$

Sino que para despejar la matriz X hay que seguir todo un procedimiento. Veamos el siguiente ejemplo de cómo despejar ecuaciones matriciales:

$$AX + B = C$$

Los elementos de cada matriz (**A**, **B** y **C**) son los siguientes:

$$A = \begin{pmatrix} 2 & 1 \\ 4 & 3 \end{pmatrix} \qquad B = \begin{pmatrix} 3 & -1 \\ 0 & 5 \end{pmatrix} \qquad C = \begin{pmatrix} 2 & 1 \\ 6 & -3 \end{pmatrix}$$

Lo primero que se debe hacer es despejar la matriz X, por lo que *pasamos restando la matriz **B** al otro miembro de la ecuación*:

$$AX + B = C$$

$$AX = C - B$$

Para acabar de despejar la matriz *X*, tenemos que pasar al otro miembro de la ecuación la matriz
A. Sin embargo, ***no la podemos pasar dividiendo*** como siempre hacíamos en las ecuaciones
normales, porque ***las matrices no se pueden dividir***. Sino que debemos hacer lo siguiente:

Es decir que la matriz que multiplica a *X* es **A**, y está a su izquierda. Por tanto, **multiplicamos
por la izquierda los dos miembros de la ecuación por la inversa de A** (A^{-1}):

$$AX = C - B$$

$$\boldsymbol{A^{-1}} \cdot AX = \boldsymbol{A^{-1}} \cdot (C - B)$$

Acto seguido, recordemos que ***una matriz multiplicada por su inversa es igual a la matriz
identidad***, es decir; $A^{-1} \times A = I$, por tanto, nuestra ecuación de matrices queda:

$$IX = A^{-1} \cdot (C - B)$$

Y, además, ***cualquier matriz multiplicada por la matriz identidad da como resultado la misma
matriz***. Por tanto:

$$X = A^{-1} \cdot (C - B)$$

Y de esta forma ***ya tenemos despejada la matriz X***. Ahora tan solo hace falta hacer las
operaciones de matrices. Así que primero ***calculamos la matriz inversa*** 2×2 de **A**:

$$A = \begin{pmatrix} 2 & 1 \\ 4 & 3 \end{pmatrix}$$

$$A^{-1} = \frac{1}{|A|} \cdot \Big(\mathrm{Adj}(A)\Big)^{t}$$

Calculamos la *adjunta de la matriz* A:

$$A^{-1} = \frac{1}{2} \cdot \begin{pmatrix} 3 & -4 \\ -1 & 2 \end{pmatrix}^{t}$$

Y una vez hallada la matriz adjunta, se procede a calcular la *matriz transpuesta* para así determinar la matriz inversa:

$$A^{-1} = \frac{1}{2} \cdot \begin{pmatrix} 3 & -1 \\ -4 & 2 \end{pmatrix}$$

Ahora sustituimos todas las matrices en la expresión para calcular la **matriz** X:

$$X = A^{-1} \cdot (C - B)$$

$$X = \begin{pmatrix} \frac{3}{2} & -\frac{1}{2} \\ -2 & 1 \end{pmatrix} \cdot \left(\begin{pmatrix} 2 & 1 \\ 6 & -3 \end{pmatrix} - \begin{pmatrix} 3 & -1 \\ 0 & 5 \end{pmatrix} \right)$$

Y procedemos a resolver las operaciones con matrices. Primero calculamos el paréntesis haciendo la resta de matrices:

$$X = \begin{pmatrix} \frac{3}{2} & -\frac{1}{2} \\ -2 & 1 \end{pmatrix} \begin{pmatrix} -1 & 2 \\ 6 & -8 \end{pmatrix}$$

Y, finalmente, multiplicamos las matrices:

$$X = \begin{pmatrix} \frac{3}{2} \cdot (-1) + \left(-\frac{1}{2}\right) \cdot 6 & \frac{3}{2} \cdot 2 + \left(-\frac{1}{2}\right) \cdot (-8) \\ -2 \cdot (-1) + 1 \cdot 6 & -2 \cdot 2 + 1 \cdot (-8) \end{pmatrix}$$

$$X = \begin{pmatrix} -\frac{3}{2} - \frac{6}{2} & 3 + 4 \\ 2 + 6 & -4 - 8 \end{pmatrix}$$

$$X = \begin{pmatrix} -\frac{9}{2} & 7 \\ 8 & -12 \end{pmatrix}$$

DETERMINANTES

En matemáticas se define el determinante como una forma multilineal alternada sobre un espacio vectorial. Esta definición indica una serie de propiedades matemáticas y generaliza el concepto de determinante de una matriz haciéndolo aplicable en numerosos campos.

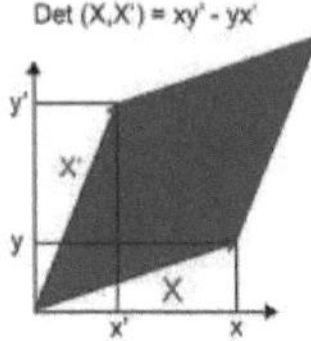

Definición:
Si es una matriz 2 x 2 se define el determinante de la matriz A, y se expresa como ***det*(A)** o bien |**A**|, como el número:

$$det(A) = |A| = \begin{vmatrix} a_{11} & a_{12} \\ a_{21} & a_{22} \end{vmatrix}$$

Y se resuelve de la siguiente manera:

$$det(A) = |A| = \begin{vmatrix} a_{11} & a_{12} \\ a_{21} & a_{22} \end{vmatrix} = a_{11} \cdot a_{22} - a_{12} \cdot a_{21}$$

La forma en que se obtiene un valor de una determinante es mediante la multiplicación de cuatros valores formados por ***Filas*** y ***Columnas***, donde la operación es la resta de dos multiplicaciones, empezando la multiplicación cruzada del valor de arriba (**C$_{11}$**) por el valor de abajo (**C$_{22}$**) en dirección de izquierda a derecha, menos el valor de abajo (**C$_{21}$**) por el valor de arriba (**C$_{12}$**) cruzado de derecha a izquierda, es decir:

$$\begin{pmatrix} 5 & 8 \\ 7 & 9 \end{pmatrix} - \begin{pmatrix} 5 & 8 \\ 7 & 9 \end{pmatrix}$$

(5 x 9) − (7 x 8)

45 − 56 = -11

PROPIEDADES DE LOS DETERMINANTES

Primera propiedad. *Si una matriz tiene una línea de ceros el determinante es cero "0".*

$$\begin{pmatrix} 5 & 0 \\ -3 & 0 \end{pmatrix} \qquad \begin{pmatrix} 8 & -4 & 10 \\ 0 & 0 & 0 \\ 2 & -1 & 6 \end{pmatrix}$$

$(5 \times 0) - (-3 \times 0) = 0 \qquad (8 \times 0 \times 6) - (2 \times 0 \times 10) = 0$

Segunda propiedad. Si una Matriz tiene dos líneas iguales su determinante es NULO "0".

$$\begin{pmatrix} 6 & 6 \\ 4 & 4 \end{pmatrix} \qquad \begin{pmatrix} 7 & -3 & 10 \\ 5 & 4 & 8 \\ 7 & -3 & 10 \end{pmatrix}$$

$(6 \times 4) - (4 \times 6) = 0 \qquad (7 \times 4 \times 10) - (7 \times 4 \times 10) = 0$

$24 - 24 = 0 \qquad\qquad 280 - 280 = 0$

Tercera propiedad. Si permuta dos líneas paralelas de una Matriz, su determinante cambia de signo.

$$\begin{pmatrix} 5 & -2 \\ 4 & 3 \end{pmatrix} \qquad \begin{pmatrix} -2 & 5 \\ 3 & 4 \end{pmatrix}$$

$= 15 + 8 = 23 \qquad = -8 - 15 = -23$

$$\begin{pmatrix} -2 & 4 & 5 \\ 6 & 7 & -3 \\ 3 & 0 & 2 \end{pmatrix} = -217 \qquad \begin{pmatrix} -2 & 4 & 5 \\ 3 & 0 & 2 \\ 6 & 7 & -3 \end{pmatrix} = 217$$

Cuarta propiedad. Si multiplicamos TODOS los elementos de una línea (fila o columna) de una determinante por un número diferente de cero (0), el determinante queda multiplicado por ese número.

$$(3)x - \begin{pmatrix} -3 & -2 \\ 4 & 5 \end{pmatrix} \longrightarrow \begin{pmatrix} -9 & -6 \\ 4 & 5 \end{pmatrix}$$

$$= 15 + 8 = -7 \qquad\qquad = -45 + 24 = -21$$

Regularmente esta propiedad se utilizar de manera contraria, en vez de multiplicar, se busca factorizar.

Quinta propiedad. Si a una línea (fila o columna) se le suma o resta otra línea multiplicada por un número, el determinante NO cambia.

$$\begin{pmatrix} -2 & 4 & 5 \\ 6 & 7 & -3 \\ 3 & 0 & 2 \end{pmatrix} \quad F_2 - 2F_3 \quad \begin{pmatrix} -2 & 4 & 5 \\ 0 & 7 & -7 \\ 3 & 0 & 2 \end{pmatrix} = 217$$

Sexta propiedad. El determinante de una Matriz es igual a la de su Traspuesta.

$$\boxed{|A| = |A^t|}$$

$$A = \begin{pmatrix} 6 & 3 \\ -2 & 1 \end{pmatrix} = A^t = \begin{pmatrix} 6 & -2 \\ 3 & 1 \end{pmatrix}$$

Séptima propiedad. Si **A** tiene Matriz Inversa **A⁻¹**, entonces:

$$\boxed{|A^{-1}| = \frac{1}{|A|}}$$

OPERACIONES DE DETERMINANTES

Para realizar operaciones para obtener el valor de una determinante de una matriz, esta deberá ser siempre un *Matriz Cuadrada* (2x2, 3x3, 4x4, … etc.), es decir *mismas filas mismas columnas*.

Determinantes de 2x2

Ejemplos

$$\boxed{\textit{det}\,(A)\;=\;|\,A\,|}$$

$$A = \begin{pmatrix} 5 & -3 \\ 6 & 4 \end{pmatrix} \qquad \begin{aligned} |A| &= 20 - (-18) \\ &= 20 + 18 \\ &= \mathbf{38} \end{aligned}$$

$$B = \begin{pmatrix} -8 & 0 \\ 4 & -2 \end{pmatrix} \qquad \begin{aligned} |B| &= 16 - (0) \\ &= \mathbf{16} \end{aligned}$$

Ejercicios.

$$A = \begin{pmatrix} 7 & -1 \\ 8 & 12 \end{pmatrix} \qquad |A| = 84 - (-8) = \mathbf{92}$$

$$B = \begin{pmatrix} -4 & -2 \\ -7 & 5 \end{pmatrix} \qquad |B| = -20 - 14 = \mathbf{-34}$$

$$C = \begin{pmatrix} 1/2 & -2 \\ 3/4 & 4 \end{pmatrix} \qquad |C| = 2 - (-3/2) = 2/1 + 3/2 = \mathbf{7/2}$$

DETERMINANTES DE 3X3 APLICANDO LA REGLA DE SARRUS

La **Regla de Sarrus** se puede utilizar de dos maneras.

La primera consiste en escribir debajo de la matriz solamente las primeras dos filas de la siguiente manera:

Ejemplo 1.

$$|\mathbf{A}| = \begin{pmatrix} -2 & 4 & 5 \\ 6 & 7 & -3 \\ 3 & 0 & 2 \end{pmatrix}$$

Se *agregan en la parte inferior las dos primeras filas* de la misma matriz.

$$|\mathbf{A}| = \begin{pmatrix} -2 & 4 & 5 \\ 6 & 7 & -3 \\ 3 & 0 & 2 \end{pmatrix}$$
$$\begin{matrix} -2 & 4 & 5 \\ 6 & 7 & -3 \end{matrix}$$

Se definen las diagonales dominantes e inferiores.

$$|\mathbf{A}| = \begin{pmatrix} -2 & 4 & 5 \\ 6 & 7 & -3 \\ 3 & 0 & 2 \end{pmatrix}$$
$$\begin{matrix} -2 & 4 & 5 \\ 6 & 7 & 3 \end{matrix}$$

Y se procede a obtener la determinante con las siguientes operaciones.

$$|\mathbf{A}| = -28 + 0 - 36 - (105 + 0 + 48)$$
$$|\mathbf{A}| = -64 - (153)$$
$$|\mathbf{A}| = -64 - 153 = \mathbf{-217}$$

La **Regla de Sarrus** se puede aplicar de la misma manera si se le ***agregan las primeras dos columnas a la parte derecha*** de la matriz.

$$|\mathbf{A}| = \begin{pmatrix} -2 & 4 & 5 \\ 6 & 7 & -3 \\ 3 & 0 & 2 \end{pmatrix}$$

$$|\mathbf{A}| = \begin{pmatrix} -2 & 4 & 5 \\ 6 & 7 & -3 \\ 3 & 0 & 2 \end{pmatrix} \begin{matrix} -2 & 4 \\ 6 & 7 \\ 3 & 0 \end{matrix}$$

$$|\mathbf{A}| = \begin{pmatrix} -2 & 4 & 5 \\ 6 & 7 & -3 \\ 3 & 0 & 2 \end{pmatrix} \begin{matrix} -2 & 4 \\ 6 & 7 \\ 3 & 0 \end{matrix}$$

$|\mathbf{A}| = -28 - 36 + 0 - (105 + 0 + 48)$

$|\mathbf{A}| = -64 - (153)$

$|\mathbf{A}| = -64 - 153 = \mathbf{-217}$

Ejemplo 2.

Por primeras dos filas

$$|B| = \begin{pmatrix} 5 & 2 & -3 \\ 0 & 8 & -1 \\ -4 & 5 & 2 \end{pmatrix}$$
$$\begin{matrix} 5 & 2 & -3 \\ 0 & 8 & -1 \end{matrix}$$

$|B| = 80 + 0 + 8 - (96 - 25 + 0)$

$|B| = 88 - (71)$

$|B| = 88 - 71 = \mathbf{17}$

Por primeras dos columnas

$$|B| = \begin{pmatrix} 5 & 2 & -3 \\ 0 & 8 & -1 \\ -4 & 5 & 2 \end{pmatrix} \begin{matrix} 5 & 2 \\ 0 & 8 \\ -4 & 5 \end{matrix}$$

$|B| = 80 + 8 + 0 - (96 - 25 + 0)$

$|B| = 88 - (71)$

$|B| = 88 - 71 = \mathbf{17}$

ANEXO

I. Defina qué tipo de matriz es y de que dimenisión u orden es cada una.

1.

$$A = \begin{pmatrix} 0 & 0 & 0 & 0 & 0 \\ 0 & 0 & 0 & 0 & 0 \end{pmatrix}$$

*Tipo*_____________ *Dimensión*________

2.

$$B = \begin{pmatrix} 1 & 0 & -4 & 9 \end{pmatrix}$$

*Tipo*_____________ *Dimensión*________

3.

$$C = \begin{pmatrix} 1 \\ 0 \\ -\sqrt{8} \end{pmatrix}$$

*Tipo*_____________ *Dimensión*________

4.

$$D = \begin{pmatrix} 1 & 2 & 3 \\ 6 & 5 & 4 \\ -3 & -4 & 0 \end{pmatrix}$$

*Tipo*_____________ *Dimensión*________

5.

$$E = \begin{pmatrix} 1 & 0 & 0 & 0 \\ 0 & -4 & 0 & 0 \\ 3 & 4 & 5 & 0 \\ 1 & 3 & 16 & -78 \end{pmatrix}$$

*Tipo*_____________ *Dimensión*________

6.

$$F = \begin{pmatrix} 1 & 4 & \frac{1}{3} \\ 0 & 9 & -5 \\ 0 & 0 & \pi \end{pmatrix}$$

*Tipo*_____________ *Dimensión*________

7.

$$G = \begin{pmatrix} 1 & 0 & 0 & 0 \\ 0 & -45 & 0 & 0 \\ 0 & 0 & 3 & 0 \\ 0 & 0 & 0 & 0 \end{pmatrix}$$

*Tipo*_____________ *Dimensión*________

8.

$$H = \begin{pmatrix} 1 & 0 & 0 \\ 0 & 1 & 0 \\ 0 & 0 & 1 \end{pmatrix}$$

*Tipo*_____________ *Dimensión*________

II. resuelva los siguientes ejercicios de operaciones de matrices.

1.

$$\begin{pmatrix} 0 & -1 \\ -4 & -2 \\ 3 & -9 \end{pmatrix} + \begin{pmatrix} 0 & 1 \\ 4 & 2 \\ -3 & 9 \end{pmatrix}$$

2.

$$\begin{pmatrix} 2 & 1 & 3 \\ -4 & 2 & 1 \end{pmatrix} - \begin{pmatrix} 2 & 0 & 4 \\ 3 & 2 & 5 \end{pmatrix}$$

3.

$$\begin{pmatrix} 3-a & b & -2 \\ 4 & -c+1 & 6 \end{pmatrix} + \begin{pmatrix} 2 & a+b & 4 \\ 1-c & 2 & 0 \end{pmatrix}$$

4.

$$\begin{pmatrix} x-y & -1 & 2 \\ 1 & y & -x \\ 0 & z & 2 \end{pmatrix} + \begin{pmatrix} y & 0 & z \\ -z & 2 & 3 \\ -2 & 3 & x \end{pmatrix}$$

5.

$$-5 \cdot \begin{pmatrix} 2 & 1 & 3 \\ -4 & 2 & 1 \end{pmatrix}$$

6.

$$\begin{pmatrix} -3 & 2 & 1 & 4 \\ 2 & 5 & 3 & -2 \end{pmatrix} \cdot \begin{pmatrix} 0 & -4 & 1 \\ 1 & -2 & 1 \\ 2 & 0 & 2 \\ 3 & 2 & 1 \end{pmatrix}$$

7. Los apoyos internacionales, en millones de dólares, de tres países líderes en economía *A*, *B* y *C* a otros tres países en desarrollo **X**, **Y** y **Z**, durante los años de la pandemia 2019 y 2020 viene dada por la información de las siguientes matrices:

$$A_{2019} = \begin{array}{c} A \\ B \\ C \end{array}\begin{pmatrix} 11 & 6'7 & 0'5 \\ 14'5 & 10 & 1'2 \\ 20'9 & 3'2 & 2'3 \end{pmatrix} \quad\quad A_{2020} = \begin{array}{c} A \\ B \\ C \end{array}\begin{pmatrix} 13'3 & 7 & 1 \\ 15'7 & 11'1 & 3'2 \\ 21 & 0'2 & 4'3 \end{pmatrix}$$

Calcular y expresar en forma de matriz el total de apoyo que recibe cada país.

¿Cuantos millones recibió el país Z del país B?

Calcule el monto total de apoyo de los países líderes a cada país.

8. Para las siguientes matrices A y B, calcule $B{\cdot}A$.

$$A = \begin{pmatrix} 1 & -3 \\ -2 & 6 \end{pmatrix}, \; B = \begin{pmatrix} 3 & -5 \\ 2 & 1 \end{pmatrix}$$

Si se realiza el producto $A{\cdot}B$, ¿sería la misma matriz resultante?

9. Al igual que el anterior ejercicio determine si $B{\cdot}A$ es igual que $A{\cdot}B$.

$$A = \begin{pmatrix} 1 & -1 \\ 0 & -2 \\ 4 & 1 \end{pmatrix}, \; B = \begin{pmatrix} 3 & 0 & 2 \\ 1 & -1 & 5 \end{pmatrix}$$

10. Calcule todos los productos posibles de las siguientes 3 matrices.

$$A = \begin{pmatrix} 1 & 2 & 3 \\ 1 & 1 & 1 \\ 0 & 2 & -1 \end{pmatrix} \quad B = \begin{pmatrix} 1 \\ 2 \\ 1 \end{pmatrix} \quad C = \begin{pmatrix} 2 & 1 & 0 \\ 3 & 4 & 5 \end{pmatrix}$$

11. Determine las transpuestas de las siguientes matrices.

$$A = \begin{pmatrix} 2 & 1 & 0 & 7 \\ -3 & 4 & 2 & 1 \end{pmatrix} \qquad B = \begin{pmatrix} 1 & 1 & 2 \\ 2 & 0 & -1 \\ -6 & -1 & 0 \end{pmatrix} \qquad C = \begin{pmatrix} 1 & 3 & 3 \\ 1 & 4 & 3 \\ 1 & 3 & 4 \end{pmatrix}$$

12. Para las matrices

$$A = \begin{pmatrix} 1 & -1 & 2 \\ 4 & 0 & -3 \end{pmatrix} \quad B = \begin{pmatrix} 0 & 3 & 4 \\ -1 & -2 & 3 \end{pmatrix} \quad C = \begin{pmatrix} 2 & 3 & 0 & 1 \\ -5 & 1 & 4 & -2 \\ 1 & 0 & 0 & -3 \end{pmatrix} \quad D = \begin{pmatrix} 2 \\ 1 \\ 3 \end{pmatrix}$$

calcular:

a) $A + B$ **b)** $3A - 4B$ **c)** $A \cdot B$ **d)** $A \cdot D$ **e)** $B \cdot C$ **f)** $C \cdot D$

g) $A^{t} \cdot C$ **h)** $D^{t} \cdot At$ **i)** $B^{t} \cdot A$ **j)** $D^{t} \cdot D$ **k)** $D \cdot D^{t}$ **l)** $3C\text{-}C$

13. Obtenga la matriz inversa de las siguientes matrices.

a.

$$A = \begin{pmatrix} 1 & 2 \\ -1 & 1 \end{pmatrix}$$

b.

$$B = \begin{pmatrix} 1 & 1 & 0 \\ -1 & 1 & 2 \\ 1 & 0 & 1 \end{pmatrix}$$

c.

$$C = \begin{pmatrix} 1 & 2 & -3 \\ 3 & 2 & -4 \\ 2 & -1 & 0 \end{pmatrix}$$

d.

$$D = \begin{pmatrix} -2 & 1 & 4 \\ 0 & 1 & 2 \\ 1 & 0 & -1 \end{pmatrix}$$

14. De la matriz **A** obtenga los menores complementarios.

$$A = \begin{pmatrix} -2 & 4 & 5 \\ 6 & 7 & -3 \\ 3 & 0 & 2 \end{pmatrix}$$

Y posteriormente obtenga la matriz adjunta de **A**

15. Siendo **A** y **B** las siguientes matrices cuadradas de dimensión 2×2:

$$A = \begin{pmatrix} 3 & -1 \\ 1 & 0 \end{pmatrix} \qquad B = \begin{pmatrix} 4 & 2 \\ -1 & 3 \end{pmatrix}$$

Calcula la matriz X que verifica la siguiente ecuación matricial:

$$AX = B$$

16. Siendo **A**, **B** y **C** las siguientes matrices de orden 2:

$$A = \begin{pmatrix} 3 & 6 \\ 2 & -1 \end{pmatrix} \qquad B = \begin{pmatrix} -2 & 1 \\ 3 & -3 \end{pmatrix} \qquad C = \begin{pmatrix} 6 & 4 \\ 3 & -2 \end{pmatrix}$$

Calcula la matriz X que verifica la siguiente ecuación matricial:

$$A + XB = C$$

17. Siendo **A**, **B** y **C** las siguientes matrices de orden 2:

$$A = \begin{pmatrix} -1 & 1 \\ 1 & 0 \end{pmatrix} \qquad B = \begin{pmatrix} 4 & -2 \\ 1 & 0 \end{pmatrix} \qquad C = \begin{pmatrix} 6 & 4 \\ 22 & 14 \end{pmatrix}$$

Calcula la matriz X que verifica la siguiente ecuación matricial:

$$AXB = C$$

18. Siendo **A** y **B** las siguientes matrices de dimensión de 3x3:

$$A = \begin{pmatrix} 1 & 0 & 1 \\ 0 & -1 & 0 \\ 1 & 2 & 2 \end{pmatrix} \qquad B = \begin{pmatrix} 1 & -1 & 0 \\ 2 & 3 & -2 \\ -3 & 1 & -1 \end{pmatrix}$$

Calcula la matriz X que verifica la siguiente ecuación matricial:

$$B^t - AX = B$$

19. Calcule las siguientes determinantes.

a)
$$\begin{vmatrix} 1 & 3 \\ -1 & 4 \end{vmatrix}$$

b)
$$\begin{vmatrix} -2 & -3 \\ 2 & 5 \end{vmatrix}$$

20. De las siguientes matrices calcule las determinantes correspondientes.

$$\begin{pmatrix} 1 & 8 & 1 \\ 1 & 7 & 0 \\ 1 & 6 & -1 \end{pmatrix} \quad \begin{pmatrix} 3 & 4 & -6 \\ 2 & -1 & 1 \\ 5 & 3 & -5 \end{pmatrix} \quad \begin{pmatrix} 7 & 8 & 0 \\ 0 & -7 & 3 \\ 1 & 0 & 1 \end{pmatrix} \quad \begin{pmatrix} 0 & 3 & 1 \\ -2 & 0 & 2 \\ 3 & 4 & 0 \end{pmatrix}$$

BIBLIOGRAFÍA

Baldor, A. (2019). *Álgebra.* México: Patria.

CURSIN. (25 de Julio de 2023). *CURSIN.* Obtenido de https://cursin.net/curso-de-algebra-lineal-para-principiantes-de-todas-las-edades/

Estrada Coronado, R. M. (2019). *Álgebra.* México: Pearson.

FACIALIX. (25 de Julio de 2023). *FACIALIX.* Obtenido de https://blog.facialix.com/curso-gratis-en-espanol-de-algebra-lineal/

Grossman. (2019). *Algebra Lineal.* México: Mc Graw Hill.

Guzmán, F. (2011). *Álgebra lineal: Serie universitaria* (1ra ed.). México: Patria.

Hernández Pérez, M. (2021). *Álgebra Lineal. Ejercicios de Práctica* (2da ed.). México: Pearson.

Larson, R. (2013). *Fundamentos de Álgebra Lineal* (7a ed.). México: Cengage Learning.

Lay, D. C. (2007). *Álgebra Lineal y sus aplicaciones.* Mexico: Pearson Educación.

Salazar Guerrero, L. J., & Bahena Román, H. (2021). *Álgebra* (1ra ed.). México: Patria Educación.

Wikipedia. (28 de julio de 2023). *Wikipedia.* Obtenido de https://es.wikipedia.org/wiki/%C3%81lgebra_lineal

I want morebooks!

Buy your books fast and straightforward online - at one of world's fastest growing online book stores! Environmentally sound due to Print-on-Demand technologies.

Buy your books online at
www.morebooks.shop

¡Compre sus libros rápido y directo en internet, en una de las librerías en línea con mayor crecimiento en el mundo! Producción que protege el medio ambiente a través de las tecnologías de impresión bajo demanda.

Compre sus libros online en
www.morebooks.shop

info@omniscriptum.com
www.omniscriptum.com

MIX
Papier aus verantwortungsvollen Quellen
Paper from responsible sources
FSC® C105338
FSC
www.fsc.org